T0153749

Roland Hornung

Kein Kuchen für den Müll

Zeitreihenanalyse für einen guten Zweck

Logos Verlag Berlin

Bibliografische Information der Deutschen Nationalbibliothek

Die Deutsche Nationalbibliothek verzeichnet diese Publikation in der Deutschen Nationalbibliografie; detaillierte bibliografische Daten sind im In ternet über http://dnb.d-nb.de abrufbar.

ISBN 978-3-8325-2972-7

Logos Verlag Berlin GmbH
Comeniushof, Gubener Str. 47,
D-10243 Berlin
Tel.: +49 (0)30 / 42 85 10 90
Fax: +49 (0)30 / 42 85 10 92
http://www.logos-verlag.de

Dank

Frau Sonja Loos, Mathematikstudentin an der Hochschule Regensburg, gebührt mein Dank für die Berechnung einiger Beispiele mit verschiedenen Methoden der Zeitreihenanalyse.

Frau Carmen Matussek, M.A., Islamwissenschaftlerin, Historikerin und freie Journalistin, danke ich für das sorgfältige Durchlesen meines Manuskriptes und für die Verbesserung zahlloser grammatikalischer und orthografischer Fehler und für wertvolle Ratschläge.

Herrn Johannes Berger, Mathematikstudent an der Hochschule Regensburg, sage ich Dank für seine Beschreibung des „Vier Komponenten Modelles".

Herrn Dipl.Ing. H. Jansen danke ich für die Zusammenarbeit im Projekt „Probakus".

Für **Flora Babayan**, Mathematikerin aus Armenien, Verantwortliche für die Feinkost-Theke bei „Feinkost Sarik“, und Kooperationspartnerin im Projekt „Bedarfsprognose bei verderblichen Lebensmitteln“ der Hochschule Regensburg, Fakultät Mathematik und Informatik.

und

Für die **armenisch-deutsch-israelische Freundschaft**, vertreten durch Regina Wagner, „Freundeskreis Israel in Regensburg und Oberbayern e.V.“, und durch Haritun Sarik, „Feinkost Sarik“, in Regensburg.

Inhaltsverzeichnis:

A. Einleitung

„Prognose“ kommt vom griechischen Wort **„προγνωσις“** (Erkenntnis, Vorhersage) und meint „Vorhersage“. Allseits bekannt ist die „Wettervorhersage“ und die „Hochrechnung“ der (vermutlichen) Wahlergebnisse am Abend des Wahltags oder die Prognose der sogenannten „Fünf Weisen“ oder „Wirtschaftsweisen“ über die weitere wirtschaftliche Entwicklung. Deutlich trennen sollte man (seriöse) Prognose von „Wahrsagerei“ und ähnlichen dubiosen Dingen.

Klassifiziert man Prognose-Aussagen und -Methoden, könnte man die Einteilung in

(a) „rein stochastische Prognose“

(b) „rein deterministische Aussagen“

(c) „gemischt stochastisch-deterministische Vorhersage“

treffen. Dabei meint die erste Kategorie (also „rein stochastische Prognose“) reine Zufallsaussagen, die man kaum wissenschaftlich begründen kann, die zweite Kategorie meint Aussagen, die man direkt und exakt mittels „Formeln“ berechnen kann, während die letzte Kategorie diejenige ist, die wir im Folgenden mit PROGNOSE im engeren Sinne bezeichnen. Wählt man eine andere Klasseneinteilung, nämlich

(A) Qualitative Prognose

(B) Quantitative Prognose,

liefert das sogleich eine Einteilung in die ***Prognose-Methoden***, nämlich entweder in (A) eher „verbale Aussagen“, die mehr auf verbalen Befragungen und/oder Einschätzungen beruhen, oder in (B), bei denen „zahlenmäßige, eher exaktere und überprüfbarere Aussagen“ überwiegen, die sich auf vorhandenes Zahlen- und Daten-Material (z.B. aus der Vergangenheit) gründen. Betrachten wir zur Erläuterung ein paar Beispiele:

1. Morgen ist Freitag, der 26. November 2010.

2. Übermorgen wird es relativ kalt.

3. Übermorgen wird es am Rathaus in 2 m Höhe um 12 Uhr die Temperatur -2° C haben.

4. Der Vortrag wird prima werden!

5. Die Lottozahlen vom nächsten Samstag lauten ...

6. Der Ostersonntag im Jahre 2021 wird am ... sein.

7. Der DAX (beim Fixing) am kommenden Montag wird sein ...

8. Die nächste totale Sonnenfinsternis in Bayern wird am ... sein.

Ordnet man diese Beispiele der ersten Klasseneinteilung oben zu, so wird wohl 4. und 5. zu (a) gehören, 1. und 6. und 8. sind „berechenbar" und gehören somit zu (b), und der „Rest" beinhaltet sowohl „stochastische Unsicherheiten" als auch berechenbare Anteile und wird somit (c) zugeordnet.

Wir bevorzugen im Weiteren die zweite Klassifikation oben, also (A) „Qualitative Prognose" und (B) „Quantitative Prognose". Dann wird 2. und 4. zu (A) gehören, der Rest zu (B).

Um seriöse *qualitative Prognose* von „Wahrsagerei" zu unterscheiden (wobei durchaus die Übergänge fließend sind!), benötigt man *wissenschaftliche Methoden.* Solche Methoden sind zum Beispiel Befragungen (von Experten, von Verkäufern, von Kunden usw.) oder Umfragen oder Szenario-Techniken oder Simulationen oder Vergleichstechniken. Dies wird oft in der Marktforschung angewendet. Um „extreme Ausreißer" bei Befragungen/ Interviews zu vermeiden oder zumindest zu mildern, nimmt man die sogenannte *Delphi-Methode*, benannt nach dem griechischen Orakel in Delphi im Altertum: Im Tempel zu Delphi hatte die Pythia, eine weissagende Priesterin, ihre „Prognosen" (die eher „Wahrsagerei" waren) verkündet. Heute nehmen an einer „Delphi-Studie" ausgewiesene „Experten" teil. Diese Experten werden in einer ganzen Gruppe zusammengefasst und es wird, ganz grob, eine Art „Mittelwert der einzelnen Prognose-Aussagen" gewonnen. Solche „Delphi-Studien" erwiesen sich oft als recht erfolgreich, sind aber sehr aufwändig.

Hier kurz eine Übersicht-Beschreibung der „Delphi-Methode“

Klassischer Ablauf der Delphi-Methode

1. Auswahl des Prognose-Problems
2. Auswahl von Personen zur Bearbeitung des Problems
3. Individuelle Befragung der Teilnehmer (meist schriftlich und anonym)
4. Individuelle Info-Sammlung der Teilnehmer
5. Individuelle Antworten der Teilnehmer
6. Auswertung des Materials
7. Aufforderung zum individuellen Kommentar – im Vergleich zum Gruppenergebnis – der Teilnehmer
8. Verbreitung dieser individuellen Kommentare und anderer bisheriger Erkenntnisse
9. Wiederholung und Schritt 3 (bis zu einer Art „Konsens“)

Wir bevorzugen die *quantitative* Prognose. Hier liegt bereits ausreichend Zahlenmaterial vor (z.B. in Form der Tageshöchsttemperaturen der letzten Jahre oder der täglichen Verkaufszahlen von Kirschblätterteig in den letzten 3 Jahren, usw.). Diese Zahlenwerte, diese Messreihen, hängen von der Zeit ab (z.B. „tägliche Erhebung“) und heißen somit ***Zeitreihen***. Diese Zeitreihen kann man mathematisch auf ihre Eigenschaften untersuchen (= **Zeitreihen-Analyse**).

Nach dieser „Zeitreihen-Analyse“ schließt man von der Vergangenheit auf die Zukunft und projiziert die Resultate der Zeitreihenanalyse in die Zukunft (= autoprojektive Methode) und erhält somit quantitative Prognose-Ergebnisse.

Hier nochmals ein grober Überblick der Prognose-Methoden:

(A) Qualitative Prognose	**(B) Quantitative Prognose**
Beruht auf Befragungen	Beruht auf Messwerten der Vergangenheit („Zeitreihen“)
Umfragen, Delphi-Studien, usw	Analysiert mathematisch diese Zeitreihen (= „Zeitreihenanalyse“)
Liefert qualitative Aussagen	Liefert quantitative Aussagen

Vorteil der qualitativen Prognose, also (A), kann in der „längerfristigen Tendenz“ der Aussagen liegen und in der Aktualität der vorliegenden Daten.

Nachteil kann sein, dass alleine das Verkünden der Prognose negative Effekte haben kann.

Weitere Nachteile einer qualitativen Prognose (und vor allem der zugrundeliegenden Befragungen) werden im folgenden aufgelistet:

Was kann falsch sein an einer Umfrage?

Absichtlich:	***Unabsichtlich:***
a.)Aus Sicht des Interviewers	
„Nicht repräsentativ“ (z.B. zu wenige Befragte)	Beeinflussung der Befragten
„Methodisch falsch“ (falsche Zielgruppe, unverständliche Fragen, keine Kontrollfragen, unpassende Fragen)	Psychologische Effekte
b.)Aus Sicht der Befragten:	
Lügen, Ausflüchte	beeinflussbar, beeinflusst
Desinteressiert, keine Lust, unwillig	„gefällig“, nett
Hektisch, keine Zeit	„Ängste“

Gefährlich beim Verkünden einer Prognose sind psychologische Effekte:

„self-fulfilling prophecy“

„self-defeating prophecy“

Beim ersteren erfüllt sich (unabhängig vom objektiven Wahrheitsgehalt!) die Prognose alleine durch ihr VERKÜNDEN.

Beispiel: „Die Aktie XY wird steigen“ → viele kaufen sie noch schnell → sie steigt!

Beim zweiten zerstört sich die Prognose durch das Verkünden!

Beispiel: „Ihr werdet alle eine gute Note in der Prüfung bekommen!“ → die Prüflinge lernen kaum noch → die Noten werden ziemlich schlecht. ☹

Solche psychologischen Effekte kann man vermeiden oder mildern, indem man nicht so leichtfertig ist mit dem Verkünden einer Prognose, bzw. als Hörer stets ein wenig einer Prognose misstraut („Traue nur einer Prognose, die du selbst gefälscht hast!“)

Bei quantitativen Prognosen liegen *Messreihen aus der Vergangenheit*, zeitlich sortiert, vor (= „Zeitreihen“), aus deren Eigenschaften man auf die Zukunft schließt.

Der Zweck dieses Buches ist nicht eine allgemeine Übersicht von Prognose-Methoden und auch nicht reine „Zeitreihen-Analyse“, sondern die Anwendung dieser Methode(n) auf eine ***„Bedarfsschätzung“ bei verderblichen Lebensmitteln***.

Stellt man zu wenig her, gibt es image-Probleme und entgangenen Umsatz/ Gewinn, stellt man zu viel her, muss man den Überschuss am Ende des Haltbarkeitshorizontes (oft nur ein Tag, z.B. bei Hackfleisch oder Eiersalat oder manchen Kuchen- oder Tortenarten und dgl. mehr) in den Müll entsorgen. ☹

WIR wollen das nicht! **„Kein Kuchen für den Müll!“** heißt daher unsere Devise, und wir wollen möglichst genau diejenige Menge schätzen, die auch tatsächlich verkauft werden wird.
***Ein** mögliches Hilfsmittel* für diese Schätzung ist die „Zeitreihenanalyse“.

Anderswo in der Welt verhungern so viele Menschen, und hier wird so viel weggeworfen. Das sollte nicht sein. Das muss auch nicht sein, wenn man seriöse Bedarfsprognose mittels Zeitreihenanalyse anwendet.

Verderbliche Lebensmittel sind viele Konditorwaren, wie Sahnetorte, Buttercremetorten, aber auch quark- und joghurthaltiges Gebäck, pars pro toto die „Quarktasche“. Im Feinkostbereich sind das mit Mozzarella oder Frischkäse gefüllte Tomaten, Eiersalat, usw.

So urteilt die Presse über unsere Forschungen mit den Überschriften „Die Rechenformel für die Quarktasche“ oder „Wahrsagerei um die Quarktasche von morgen“ oder „Morgens um sieben ist die Torte noch in Ordnung“, oder „Kein Kuchen für den Müll“ oder „Fette Torte, trockene Mathematik“ oder „Warum sich Mathematiker für Mozzarella interessieren“, und andere mehr.

Im folgenden Hauptteil werden die wichtigsten EIGENSCHAFTEN einer ZEITREIHE kurz beschrieben, und danach werden die Zeitreihen-Eigenschaften für die Bedarfsschätzung von verderblichen Lebensmitteln eingesetzt (und mit anderen Methoden erweitert).

B. Hauptteil

1. Theorie der Zeitreihenanalyse

1.1 Definitionen und einfache Eigenschaften

GEGEBEN: „Zeitreihe“

Eine zeitlich geordnete Folge x_t von Beobachtungen einer Größe wird als **Zeitreihe** bezeichnet. Für jeden Zeitpunkt t einer Menge T von Beobachtungszeitpunkten liegt dabei genau eine Beobachtung vor.

Einige Beispiele für die Zeitreihen sind:

- Tägliche Messung der Temperatur an einem Ort
- EKG eines Patienten
- Zahl der Einwohner eines Landes über mehrere Jahre gemessen
- Tägliche Verkaufszahlen eines Produkts, z.B. „Quarktaschen“

AUFGABE: Zeitreihenanalyse

Zeitreihenanalyse versucht mit Methoden der Statistik möglichst viel Information aus beobachteten Daten zu gewinnen. Diese kann zum einen im Zeitbereich und zum anderen im Frequenzbereich erfolgen.

Als erste Methode sollte ein PLOT der Zeitreihe gewählt werden, der oft schon recht viele Aussagen erlaubt. Weitere „elementare“ Methoden sind MITTELWERT-Berechnung und Bestimmung von VARIANZ (bzw. Standardabweichung). Nötigenfalls muss die Zeitreihe vorher auf AUSREISSER untersucht werden und diese gegebenenfalls eliminiert werden. Falls STRUKTURBRÜCHE auftreten, ist die Zeitreihe jeweils an diesen in „Teil-Zeitreihen“ zu teilen.

1.2. Das 4-Komponenten-Modell: Trend, Konjunktur, Saison, Rest (u.a. „Indikatoren")

VIERKOMPONENTEN-MODELL

Zur Analyse von Zeitreihen wird häufig als Grundlage das ***Vier-Komponenten-Modell*** verwendet. Es zerlegt eine Zeitreihe in die vier Komponenten *Trend, Zyklus, Saison* und die so genannte *„Restkomponente"*.

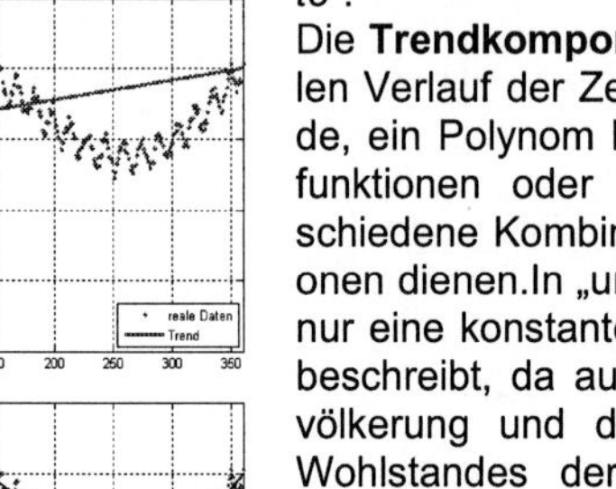

Die **Trendkomponente** beschreibt den tendenziellen Verlauf der Zeitreihe. Dazu können eine Gerade, ein Polynom beliebiger Ordnung, Exponentialfunktionen oder andere Funktionen sowie verschiedene Kombinationen aus diesen Grundfunktionen dienen.In „unseren" Zeitreihen ist diese meist nur eine konstante Funktion, die den Basis-Bedarf beschreibt, da aufgrund der gleichbleibenden Bevölkerung und des annähernd gleichbleibenden Wohlstandes der Verzehr von Kleingebäck im mehrjährigen Durchschnitt konstant bleiben wird.

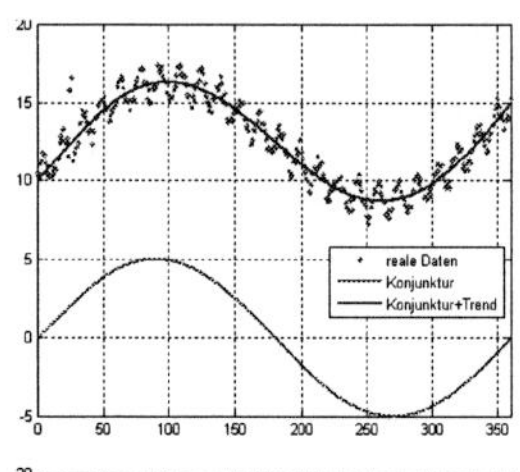

Die **zyklische Komponente** charakterisiert im Allgemeinen die niederfrequenten Schwingungen einer Zeitreihe. In unserem Fall wird das die jährliche Schwingung sein, da die allgemeine Konjunktur wegen der zu geringen Datenmenge nicht erkannt werden kann. Sie zeigt also die Zu- und Abnahme der Verkaufszahlen von Kleingebäck zwischen den Sommer- und den Wintermonaten.

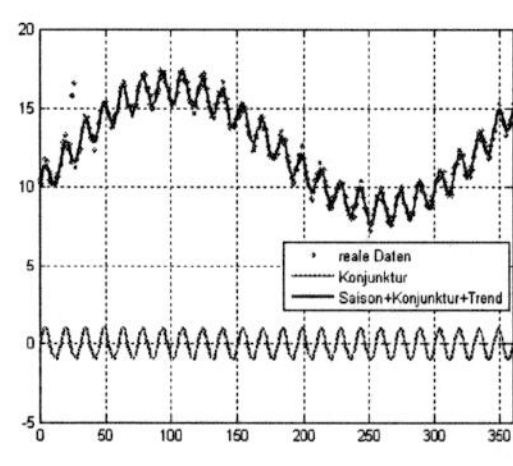

Die **Saisonkomponente** dagegen beschreibt die höherfrequenten Schwingungsanteile einer Zeitreihe. Dies werden in unseren Zeitreihen Schwankungen mit Perioden im Bereich von zwei Tagen bis zu einem Monat sein.

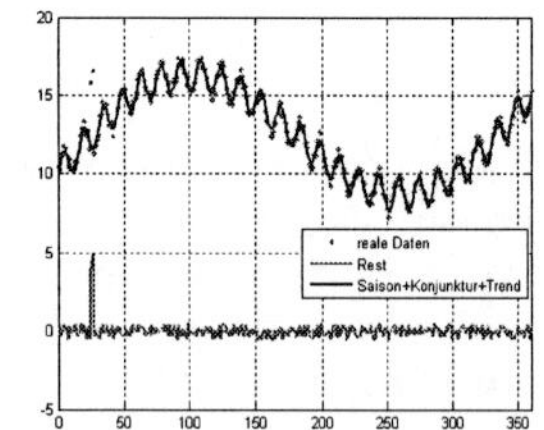

Die so genannte **„Restkomponente**" entsteht, wenn man die vorangegangenen Komponenten kombiniert (addiert) und anschließend von den Werten der Zeitreihe subtrahiert.
Sie enthält erklärbare und nicht erklärbare Ausreißer (z.B. kalendarische Unregelmäßigkeiten, private Feiern/Ereignisse), eventuell auftretende Strukturbrüche (z.B. wegen eines Verkaufstrainings) so wie eine gewisse Zufallsschwankung, auch „Weißes Rauschen" genannt (z.B. wegen schlechtem Wetter).

Im folgenden etwas detaillierter zu „Zeitreihenanalyse“ und „Vier-Komponenten-Modell“([3]). Die folgenden Seiten 17, 18,..., bis Seite 24 Mitte sind wörtlich aus ([3], Johannes Berger) zitiert.

Der Begriff „Vier-Komponenten-Modell“ geht Hand in Hand mit dem Begriff „Zeitreihenanalyse“. So dient das Vier-Komponenten-Modell in erster Linie dazu, Zeitreihen aus der Ökonomie zu beschreiben, bedient sich dazu aber der Methoden der klassischen Zeitreihenanalyse.
Vereinfacht ausgedrückt ist eine Zeitreihe die Beobachtung von Ausprägungen eines bestimmten Merkmals zu gegebenen Zeitpunkten. D.h. den Grundgedanken der Zeitreihenanalyse haben wir schon seit jeher verinnerlicht, ohne uns dessen bewusst zu sein.

Beispiele dafür:

- Temperaturverlauf in Abhängigkeit von Jahreszeiten
- Geschwindigkeitsänderung eines Autos in einem bestimmten Intervall
- Gewichtskontrolle über einen längeren Zeitraum
- Entwicklung eines Kindes mit zunehmendem Alter

Zeitreihenanalyse ist jedoch so viel mehr als nur die bloße Beobachtung. Deshalb lohnt es sich in vielerlei Hinsicht, einen tieferen Blick in dieses Thema zu riskieren.

Bemerkung:

Beispiele, Methoden und praktische Anwendungen zum Thema finden Sie in der Ausarbeitung von Sonja Loos ([4]).

Grundlagen der Zeitreihenanalyse

DEFINITION

- Definition Statistika Lexikon:
  „Eine Zeitreihe ist eine zeitlich geordnete Folge statistischer Maßzahlen.“

- Definition Bernd Leiner (Grundlagen der Zeitreihenanalyse, [2]):
  „Eine Zeitreihe ist eine nach dem Zeitindex geordnete Menge von Beobachtungen x_t einer Zufallsvariablen X_t mit $t = 1, ..., T$, d.h. es liegen T Beobachtungen vor.“

- Bemerkung: Der Begriff Zeitreihe setzt voraus, dass Daten nicht kontinuierlich, sondern diskret, aber in endlichen zeitlichen Abständen anfallen. Die Zeitreihenanalyse sollte grundsätzlich auf vollständigen Datensätzen beruhen.

VERSCHIEDENE ARTEN VON ZEITREIHEN

Zeitreihen finden in den unterschiedlichsten Gebieten Anwendung. Einige davon sind:

- Ökonomische Zeitreihen
  Anwendungsbeispiele: Einkommen, Gewinne, Exportzahlen, Aktienkurse

- Physikalische Zeitreihen
  Anwendungsbeispiele: Regenfall, Temperaturen, Meteorologie etc.

- Zeitreihen aus dem Marketing
  Anwendungsbeispiele: Verkaufszahlen (Rückgang, Produktions- und Lagerhaltung)

- Demographische Zeitreihen (Demographie → Bevölkerungswissenschaft)
  Anwendungsbeispiele: Planungen im Bereich von Schulen, Verkehr und Spi tälern

- Zeitreihen aus Produktionsprozessen
  Anwendungsbeispiel: Qualitätskontrolle

ZIELE DER ZEITREIHENANALYSE

Aus bekannten Daten können mithilfe verschiedenster, später aufgeführten Methoden Daten so aufbereitet werden, dass man folgende Ziele damit realisieren kann:

- Beschreibung
  Mithilfe von Plots können zu endlichen Zeitpunkten t zugehörige Beobachtungsmerkmale y(t) graphisch visualisiert werden.

- Erklärung
  Aus der Auswertung von vorhandenen Beobachtungen können bestimmte Einflussfaktoren abgeleitet werden.

- Vorhersage
  Aufgrund bekannter Datensätze können Prognosen für die Zukunft abgegeben werden.

- Kontrolle
  Z.B. zur Kontrolle bestimmter Zielwerte in der Produktion, in denen es wichtig ist, dass selbst geringe Abweichungen sofort erkannt werden.

HOW TO: PLOT

Mithilfe von folgenden Funktionen kann mithilfe von Matlab eine Zeitreihenanalyse durchgeführt werden:

- Definieren der Zeitspanne und Zeitabstände
  x = 0:1:36 erzeugt den Vektor x = (0, 1, 2, ..., 36) → entspricht 3 Jahren
- Die zugehörigen Beobachtungspunkte in y übertragen
  y = (y0, y1, y2, y3, y4, ... , y36)
- plot(x,y) zeichnet yi über xi und verbindet die Punkte geradlinig
- scatter(x,y) zeichnet die Punkte ein, ohne sie zu verbinden
- polyfit(x,y,n) zeichnet durch die gegebenen Punkte eine approximierte Kurve mit Polynom-Grad n

Das Vier-Komponenten-Modell:

EINFÜHRUNG

Das Vier-Komponenten-Modell behandelt in erster Linie ökonomische Zeitreihen. Zur Beschreibung, Erklärung und Prognose werden dabei einige spezielle Methoden verwendet.

Zu erwähnen ist, dass man sich hierbei nicht immer ausschließlich auf Fakten stützt, sondern durchaus auch auf Annahmen. Dadurch kann man hier nicht mehr nur vom Beschreiben, sondern muss teilweise auch vom Modellieren einer Zeitreihe sprechen.

DIE VIER KOMPONENTEN:

TRENDKOMPONENTE:

Der Trend beschreibt die grundsätzliche Ausrichtung der im Beobachtungszeitraum beobachteten Daten. Im einfachsten Fall lässt sich sagen, der Trend fällt, steigt oder bleibt konstant. Leider ist es nicht immer so einfach. Denn Trends lassen sich nicht immer durch lineare Funktionen beschreiben, sondern benötigen oft auch Polynome höheren Grades.
In der Regel ergeben sich Trends aus Beobachtungen über einen längerfristigen Zeitraum.

~ ¾ der Variation einer ökonomischen Zeitreihe lassen sich auf Trends zurückführen.

Zur Schätzung von Trends gibt es mehrere Funktionstypen:

- Linearer Trend:

$x_t = \alpha_0 + \alpha_1 * t$

mit α_0 = Parameterschätzung für den Ordinatenabschnitt und
α_1 = Parameterschätzung für die Steigung
x_t = Trendschätzung der Beobachtung x_t

- Allgemeine Trendschätzung durch Trendpolynom p-ten Grades:

$x_t = \alpha_0 + \alpha_1 * t_1 + \alpha_2 * t_2 + \ldots + \alpha_p * t_p$

Die Schätzungen, welche man auch Approximation nennt, sind umso besser, je höher man den Grad des Polynoms wählt. Dabei gilt in der Regel: So genau wie nötig, aber so einfach wie möglich, da hohe Polynome sehr schnell divergieren können.

- Trendschätzung mithilfe einer Exponentialfunktion:

$x_t = \alpha * e^{(\beta * t)}$

$\rightarrow$ logarithmieren ergibt: $\ln x_t = \ln \alpha + \beta * t$

KONJUNKTURKOMPONENTE:

Das Konjunkturdiagramm weist 4 verschiedene Konjunkturperioden auf:

- Expansion/Aufschwung
- Boom/Hochkonjunktur
- Rezession/Abschwung
- Depression/Konjunkturtief

Je nach Anwendung bzw. Produkt kann die Konjunkturkomponente unterschiedlich hohen Einfluss auf die Ausprägung der Zeitreihe besitzen. Deshalb erfordert die Konjunkturkomponente ebenfalls eine umfassende Schätzung.

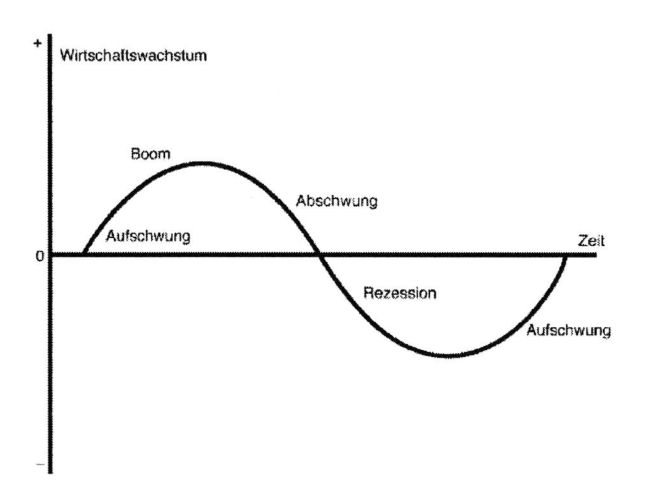

S A I S O N K O M P O N E N T E

Definition Soika:

Saisonschwankungen sind „systematische, wenn auch nicht notwendigerweise streng regelmäßige oder konstante Zyklen innerhalb eines Jahres, die durch das Wetter, Feiertage, Geschäftspraktiken und Erwartungen hervorgerufen werden und die zu lokalen Maxima an der Saisonfrequenz führen."

In der Praxis gibt es kein einheitliches Verfahren zur Saisonschätzung.

RESTKOMPONENTE

Die Restkomponente behandelt Beobachtungen, die sich nicht aus regelmäßigen Beobachtungen ableiten lassen. Sie enthält erklärbare und nicht-erklärbare Unregelmäßigkeiten in der Zeitreihe.

VERKNÜPFUNGEN:

Zu den einfachsten Formen des Zusammenwirkens dieser Komponenten zählen die additive und die mulitiplikative Verknüpfung. In der Praxis wird dabei so gut wie immer auf die einfach zu erfassende, additive Verknüpfung zurückgegriffen.

ADDITIVE VERKNÜPFUNG

In der additiven Verknüpfung überlagern sich die einzelnen Einflüsse additiv, d.h.

$x_t = g_t + k_t + s_t + ut$, mit $t = 1, \ldots, T$, wobei

mit g_t = Trendkomponente
k_t = Konjunkturkomponente
s_t = Saisonkomponente
u_t = Restkomponente

MULTIPLIKATIVE VERKNÜPFUNG

$x_t = g_t * k_t * s_t * u_t$

Nach Logarithmieren → $\log x_t = \log g_t + \log k_t + \log s_t + \log u_t$ erhält man formal wieder eine additive Verknüpfung.

ELIMINATION & ISOLIERUNG

In der Zeitreihenanalyse interessiert man sich nicht zwingend immer für die gesamte Zeitreihe, sondern manchmal auch für nur einzelne oder selektierte Komponenten.

Das heißt durch Eliminationsverfahren können gezielt Komponenten aus der Zeitreihe ausgeblendet werden, die man etwa als störend empfindet, oder durch sukzessive Elimination auch Komponenten isoliert werden, um exakte Aussagen darüber treffen zu können.

TRENDELIMINATION: DURCH DIFFERENZENBILDUNG

Für Zeitreihen mit nahezu konstantem Verlauf $x_t = \alpha_0 + e_t$ mit e_t = Residuum von t lassen sich Differenzen $\Delta x_t = x_t - x_{t-1}$ bilden.

Es entsteht $\Delta x_t = \alpha_0 + e_t - (\alpha_0 + e_{t-1}) = e_t - e_{t-1} = \Delta e_t$.

Als Ergebnis erhalten wir eine Fluktuation um das Niveau 0, d.h. a_0 wurde eliminiert.

Für Zeitreihen der Form $x_t = a_0 + a_1 * t + e_t$ braucht man die zweiten Differenzen

$$\Delta^2 x_t = \Delta x_t + \Delta x_{t-1} = x_t - 2 * x_{t-1} + x_{t-2}.$$

Damit kann man einen linearen Trend $x_t = \alpha_0 + \alpha_1 * t + e_t$ eliminieren.

Allgemein: Ein Trendpolynom p-ten Grades kann durch die (p+1)-te Differenz vollständig eliminiert werden.

SAISONBEREINIGUNG: DAS PHASENDURCHSCHNITTSVERFAHREN

Das Phasendurchschnittsverfahren wird dazu verwendet, die Saisonkomponente aus einer ökologischen Zeitreihe zu entfernen.

Wir gehen davon aus, dass die Daten für T Jahre mit s Phasen komplett vorliegen.

Das Verfahren lässt sich dabei in 4 Schritten beschreiben:

1. Schritt: Bildung von Phasendurchschnitten

   Für alle Monatswerte (aus den verschiedenen Jahren) wird ein Phasendurchschnitt berechnet. Diese sind das arithmetische Mittel aller Beobachtungen gleichen Monats.

   xt,i sei die Beobachtung der Zeitreihe im i-ten Monat des t-ten Jahres.

   Auf diese Weise erhält man für den Phasendurchschnitt des i-ten Monats:

$$\bar{x}_i = \frac{1}{T} \cdot \sum_{t=1}^{T} x_{t,i}$$

2. Schritt: Bildung des Gesamtdurchschnitts:

$$\bar{x}_i = \frac{1}{T} \cdot \sum_{t=1}^{T} x_{t,i}$$

3. Schritt: Berechnung von Saisonfaktoren:

Relativieren der Phasendurchschnitte in Bezug auf den Gesamtdurchschnitt:

$$s_i = \frac{\bar{x}_i}{\bar{\bar{x}}}$$

Das arithmetische Mittel von s (in der Summe 1 -12) ergibt 1.

Dadurch sind Werte si > 1 über dem Jahresdurchschnitt und die Werte si < 1 unter dem Jahresdurchschnitt.

4. Schritt: Saisonbereinigung

Schließlich werden die Beobachtungen in der multiplikativen Version durch die zugehörigen Saisonindexziffern dividiert. Man erhält somit als saisonbereinigten Wert für Jahr t und Monat i:

$x_{t,i}$ (saisonbereinigt) = $x_{t,i} / s_i$

Weist also ein Monat typischerweise überdurchschnittlich hohe Werte auf, so wird ein entsprechender Beobachtungswert aus diesem Monat durch die Saisonbereinigung auf die Größenordnung eines normalen Monats reduziert.

(Ende des Zitates aus ([3], Johannes Berger).

1.3. Trendbestimmung

Zur Trendbestimmung (Bestimmung der Trendkomponente) gibt es verschiedene Verfahren. Ich möchte an dieser Stelle zunächst vier davon vorstellen.

Die trivialste Möglichkeit ist die **Freihandmethode**. Hierzu zieht man nach Augenmaß eine Trendlinie durch die Punktewolke der Zeitreihe. Diese erscheint zwar auf den ersten Blick etwas zu banal, um sie als eigene Methode der Trendbestimmung zu zählen. Im Prinzip ist es aber genau das, was man automatisch macht, wenn man sich vor der eigentlichen Analyse eine vorgegebene Zeitreihe ansieht. Dabei versucht man gedanklich abzuschätzen, um was für einen Typ von Trend es sich handelt, ob es beispielsweise ein polynominaler oder ein logarithmischer Verlauf ist. Deshalb verdient auch diese Methode eine Erwähnung.

Allerdings hat diese einige deutlich erkennbare Nachteile: Erstens ist sie sehr unwissenschaftlich, da nur geschätzt, und zweitens kann ein Computer weder eine solche Trendlinie bestimmen noch damit sinnvolle Berechnungen anstellen.

Eine immer noch sehr einfache Methode ist die **Methode der halben Durchschnitte**. Sie zeigt nur, ob es sich um einen tendenziell steigenden, fallenden oder annähernd gleich bleibenden Trend handelt und wie steil dieser ist. Dazu teilt man die Zeitreihe in zwei Hälften ein und bestimmt für beide Hälften jeweils den Mittelwert der Zeit- und der Messwerte. Daraus ergibt sich für jede Hälfte ein neuer Mittelpunkt. Durch diese beiden legt man nun die Trendgerade.

Der Vorteil hier liegt in der einfachen und schnellen Berechnung, auch ohne elektronische Hilfsmittel. Allerdings ist die Aussagekraft sehr gering, da man eben nur die Richtung des Trends erkennen kann.

Eine weitere Variante ist die **Methode der gleitenden Durchschnitte**. Dabei handelt es sich um eine weit verbreitete Methode. Dazu wählt man zuerst einen bestimmten Zyklus von n Messwerten. In unserem Fall bietet sich ein Zyklus von einer Woche an, also n=7 Tage. Nun bildet man das arithmetische Mittel der ersten n Tage und weist diesen Wert in einer neuen Zeitreihe dem mittleren Zeitpunkt zu, bei uns also dem vierten Tag. Anschließend bildet man das arithmetische Mittel der Zeitpunkte 2 bis n+1 und weist auch diesen Wert wieder dem mittleren Zeitpunkt zu, und so weiter. Man erhält also die Formel:

$$z_i = \frac{1}{n} \sum_{k=i-m}^{i+m} y_k \quad , \quad m = \frac{n-1}{2}$$

Hat man eine gerade Anzahl an Zeitpunkten in einem Zyklus, so verwendet man OBIGE Formel mit m=n/2 .

Das Wichtigste dabei ist die sinnvolle Wahl des Zyklus. Hätte man in unserem Beispiel n=8 Tage zugrunde gelegt, so hätte man bei jedem siebten Mittelwert zwei Sonntage dabei und somit ein verfälschtes Ergebnis.

Diese Variante hat den Vorteil, dass sie immer und mit relativ wenig Rechenaufwand durchführbar ist. Allerdings möchte man manchmal für weitere Analysen eine stetig differenzierbare Funktion als Ergebnis, was auf diese diskrete Trendkurve eindeutig nicht zutrifft.

Für diesen Fall möchte ich zum Schluss noch die **Methode der kleinsten Quadrate** vorstellen. Dazu wählt man einen zur Approximation geeigneten Funktionstyp, zum Beispiel ein Polynom beliebiger Ordnung, eine Exponentialfunktion oder eine andere stetig differenzierbare Funktion oder eine lineare Kombinationen aus solchen Grundfunktionen. Hier kann man dann zum Beispiel mit Mitteln der Funktionalanalysis oder mit linearer Ausgleichsrechnung die Funktion mit den kleinsten Fehlerquadraten zu den Punkten der Zeitreihe finden.

LINEARE Ausgleichsrechnung ist recht einfach und führt über die sogenannten „Normalen-Gleichungen“ zum Ergebnis, NICHTLINEARE Ausgleichsrechnung ist iterativ, z.B. der sogenannte „Gauß-Newton-Algorithmus“.

Diese Methode benötigt etwas größeren Rechenaufwand als die vorangegangenen Methoden, liefert aber dafür eine stetig differenzierbare Trendfunktion. Allerdings ergibt diese Methode nicht immer ein zufriedenstellendes und sinnvolles Ergebnis.

1.4. Zyklische Effekte und Stichprobenspektrum

Zeitreihenanalyse	
Frequenzbereich	**Zeitbereich**
Periodogramm	Autokorrelation
	(Korrelogramm)

ANALYSE VON ZEITREIHEN IM FREQUENZBEREICH

Beinhaltet eine Zeitreihe mehr als eine Periodik, so treten Interferenzen auf und dies lässt keine eindeutige Interpretation mehr zu. Daher bildet man die Zeitreihe im Frequenzbereich ab.

Das Ziel ist, die Frequenzen von den in der Zeitreihe verborgenen periodischen Schwingungen zu bestimmen.

Die Voraussetzung hierfür sind die harmonischen Schwingungen (Überlagerungen von Sinus- bzw. Kosinuswellen). Ihre dominierende Rolle bei der Analyse zyklischer Schwankungen in Zeitreihen ist unter anderem darauf zurückzuführen, dass auch sehr komplizierte und keineswegs „sinusförmige“ periodische Funktionen sich durch Überlagerung (d.h. Addition) harmonischer Schwingungen verschiedener Frequenzen darstellen lassen.

Im Folgenden betrachten wir ein heuristisches Hilfsmittel zur Aufdeckung verborgener Periodizitäten. Es handelt sich um das Periodogramm oder Stichprobenspektrum.

Das **Periodogramm** ist eine Funktion $I(\lambda)$ der Frequenz und gibt für jede Frequenz λ ein Maß dafür an, mit welcher Intensität harmonische Wellen dieser Frequenz in der Ausgangsreihe auftauchen.

$$I(\lambda) = N\left(C(\lambda)^2 + S(\lambda)^2\right)$$

mit

$$C(\lambda) = \frac{1}{N}\sum_{t=1}^{N}\left(x_t - \bar{x}\right)\cos 2\pi\lambda t$$

und

$$S(\lambda) = \frac{1}{N}\sum_{t=1}^{N}\left(x_t - \bar{x}\right)\sin 2\pi\lambda t$$

Aus dem folgenden Satz ergibt sich, dass es genügt, $I(\lambda)$ für Frequenzen λ zwischen 0 und 0.5 zu betrachten.

Satz

Das Periodogramm besitzt folgende einfachen Eigenschaften:

1.) $I(\lambda)$ verschwindet für $\lambda = 0$: $\mathbf{I(0) = 0}$
2.) $I(\lambda)$ ist eine gerade Funktion von λ: $\mathbf{I(-\lambda) = I(\lambda)}$
3.) $I(\lambda)$ ist periodisch mit der Periode 1: $\mathbf{I(\lambda + 1) = I(\lambda)}$
4.) $I(\lambda)$ ist eine nichtnegative Funktion von λ : $\mathbf{I(\lambda) \geq 0}$

Beispiel:

$t = 365$

$$x(t) = 50 + 10\sin(2\pi/365t) + 5\sin(2\pi/30t) + 5\sin(2\pi/7t)$$

Graphisch dargestellt schaut diese Zeitreihe folgendermaßen aus:

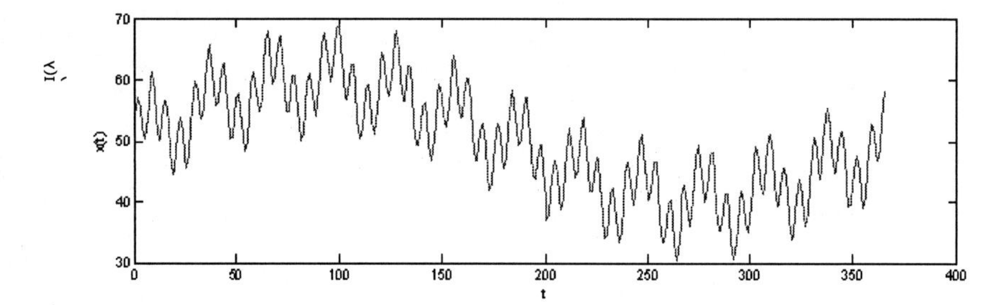

Das dazugehörige Periodogramm:

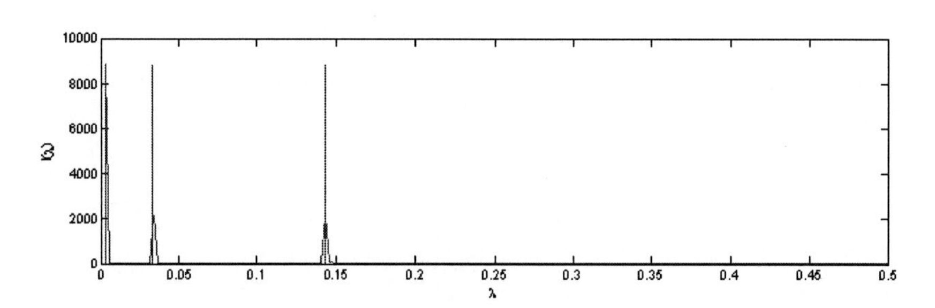

Ganz deutlich zu sehen sind hier drei Peaks. Diese zeigen die Frequenzanteile der harmonischen Schwingungen, welche in der Ausgangszeitreihe vorkommen.

Die rot eingezeichneten Balken zeigen die Periodizitäten, die zu erwarten waren. Dies ist in diesem Beispiel möglich, da wir die Zeitreihe von vornherein kennen. Also wissen wir, dass die in der Zeitreihe versteckten Periodizitäten von 365, 30 und 7 Zeiteinheiten sind. Und tatsächlich scheinen diese mit den Peaks des Periodogramms übereinzustimmen.

Natürlich funktioniert das in der Realität nicht so einwandfrei, wie es hier gezeigt wurde. Tatsächlich sollte man bei der Interpretation des Periodogramms sehr vorsichtig sein, denn die auffälligen Peaks entsprechen nicht immer den real existierenden periodischen Erscheinungen.

Ein Test auf signifikante Peaks im Periodogramm ist z. B. Fischers Test.

ANALYSE VON ZEITREIHEN IM ZEITBEREICH

Bei der Untersuchung von Zeitreihen nimmt die Frage nach den Abhängigkeiten zwischen verschiedenen Zeitpunkten eine zentrale Stellung ein.

Das Ziel ist damit, den Abhängigkeitsgrad von aufeinanderfolgenden Beobachtungen zu schätzen.

Ein Maß für die Stärke des linearen Zusammenhanges zwischen den x- und y-Werten ist die empirische Kovarianz:

$$c = \frac{1}{N}\sum_{i=1}^{N}\left(x_i - \bar{x}\right)\left(y_i - \bar{y}\right)$$

Durch Normierung mit dem Produkt der einzelnen Standardabweichungen erhält man den Korrelationskoeffizienten:

$$r = \frac{\frac{1}{N}\sum_{i=1}^{N}\left(x_i - \bar{x}\right)\left(y_i - \bar{y}\right)}{\sqrt{\frac{1}{N}\sum_{i=1}^{N}\left(x_i - \bar{x}\right)^2} \bullet \sqrt{\frac{1}{N}\sum_{i=1}^{N}\left(y_i - \bar{y}\right)^2}}$$

Hat man jedoch nur eine Zeitreihe, die mit sich selbst verglichen werden soll, so spricht man von Autokorrelation.

Autokorrelationen sind Korrelationen, die durch zeitliche Versetzung („time lags“) der Messwerte einer Zeitreihe berechnet werden.

Aus N Beobachtungen $x_1, x_2, \ldots, x_N$ werden die $N-1$ Paare direkt aufeinanderfolgender Beobachtungen gebildet:

$(x_1, x_2), (x_2, x_3), \ldots, (x_{N-1}, x_N)$.

Autokovarianzfunktion:

$$c_\tau = \frac{1}{N}\sum_t \left(x_t - \bar{x}\right)\left(x_{t+\tau} - \bar{x}\right)$$

τ ist der Zeitabstand, $\tau = -(N-1),\ldots,-1,0,1,\ldots,(N-1)$

Autokorrelationsfunktion: $r_\tau = \frac{c_\tau}{c_0}$

c_0 ist gerade die Varianz s^2 der Reihe

Der Autokorrelationskoeffizient kann betragsmäßig höchstens den Wert 1 annehmen, d. h. es gilt $-1 \le r \le 1$.

Werte von r, die nahe bei 1 (-1) liegen, entsprechen dem starken positiven (negativen) linearen Zusammenhang, Werte bei 0 bedeuten dagegen die Unkorreliertheit.

Das angestrebte Ergebnis ist, dass unser r einen Wert nahe 1 annimmt.

Der Graph der Autokorrelationsfunktion wird **Korrelogramm** genannt. Dieses ist von erheblicher Bedeutung, da es die wesentlichen Informationen über zeitliche Abhängigkeiten in der beobachteten Reihe enthält.

Beispiel:

$t = 147$
$x(t) = 5\sin(2\pi/7t) + 5\sin(2\pi/30t)$

Graphische Darstellung der Zeitreihe:

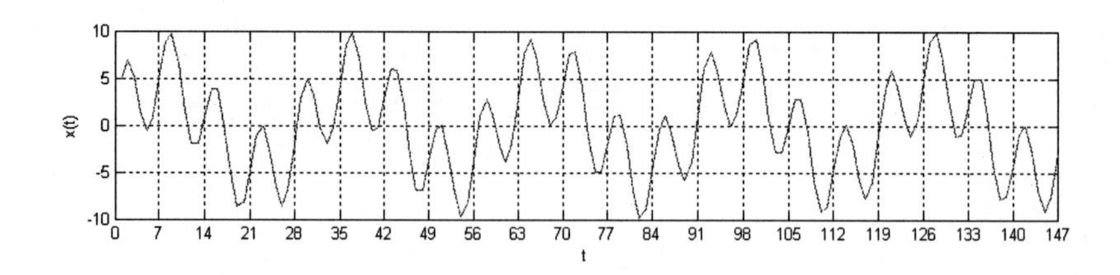

Das dazugehörige Korrelogramm:

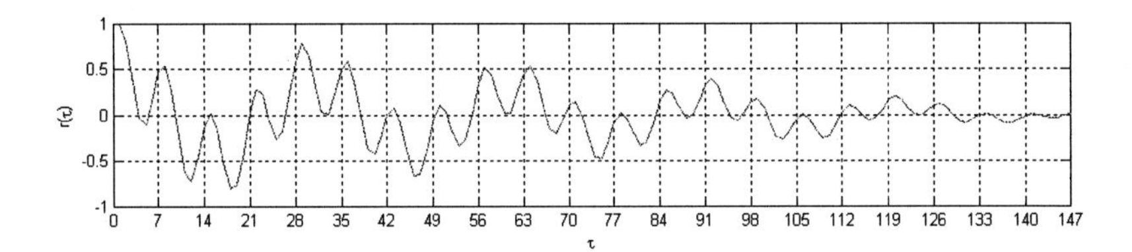

Mit dem Abstand von 7 Zeiteinheiten sind in diesem Korrelogramm Peaks zu erkennen. Dies bedeutet, dass in der vorhandenen Zeitreihe die Periodizität von 7 Zeiteinheiten enthalten ist.

Aber auch die Periodizität von ca. 30 Zeiteinheiten ist festzustellen. Dazu betrachte man die maximalen Ausschläge ($\tau = 30{,}64{,}92\ldots$).

Im Vergleich zu der Analyse im Frequenzbereich jedoch werden hier viel mehr Daten benötigt, was bei vielen Untersuchungen zu einem Nachteil wird.

2. Anwendung der Zeitreihenanalyse: „KEIN KUCHEN FÜR DEN MÜLL“

2.1. „Fette Torte, trockene Mathematik“?

Was hat fette Torte mit trockener Mathematik zu tun? Nun, einerseits muss eine Torte nicht unbedingt fett sein, und Mathematik ist selten trocken.

Andererseits ist fette Torte ein Beispiel für verderbliche Lebensmittel und darf weder „zu viel“ noch „zu wenig“ produziert werden, wegen der bereits in der Einleitung geschilderten Probleme. Insofern kann Mathematik mit ihren Methoden der „Prognose“ durchaus helfen, die vermutlich richtige Bedarfsmenge zu schätzen.

Im Folgenden werden Forschungsergebnisse aufgeführt, wie man möglichst gute Schätzungen der Bedarfsmenge erhalten kann. Dabei werden Zeitreihenanalyse und „Indikatoren“ verwendet.

2.2. „Kein Kuchen für den Müll“:

Einleitung

Für Verkäufer leicht verderblicher Lebensmittel ist es bekanntlich wichtig, eine möglichst zutreffende Bedarfsprognose an die Produktion (Fremdfertigung oder Herstellung im eigenen Betrieb) weitergeben zu können. Sie müssen sich somit dem Problem einer optimalen Bestellmenge stellen, wie wir im vorherigen Abschnitt erklärt hatten. Diese besteht aus genau der Menge des betroffenen Lebensmittels, die bis Geschäftsschluss verkauft werden könnte. Jede Abweichung der Bestellmenge von der tatsächlichen Verkaufszahl führt zu finanziellem Verlust. Er besteht in entgangenem Gewinn bei zu geringer Bestellung sowie unnötigen Personal-, Betriebs- und Materialkosten im Fall von Überproduktion. Hinzu kommen Entsorgungskosten.

Herstellung und Vertrieb der Produkte, speziell der in unserer Forschung intensiver betrachteten, leichtverderblichen Backwaren, haben sich gewandelt. Heutzutage gibt es bedeutend weniger Fertigungsstätten (Backfabriken) als noch vor 30 Jahren klassische Bäckereien in der gleichen Region vorkamen. Dagegen ist das heutige Vertriebsnetz (Backwaren-Shops) weitaus flächendeckender, als es die Familienbetriebe alter Art jemals sein konnten. Vormals lokal gültige Erfahrungswerte hinsichtlich zu erwartender Umsätze sind deswegen nur noch bedingt verwertbar.

Die Schnittstellenbereiche Kunde – Unternehmer sind stark geschrumpft oder gar gänzlich weggefallen. Meist wurden Informationen der Kunden, Wünsche, Verbesserungsvorschläge oder Beschwerden in gemeinsamen Pausen des Familienbetriebes unmittelbar an den Meister weitergeleitet. Dieser direkte Wege zwischen

Laden (Point of Sale) und Backstube (Produktionsstätte) ist heute länger. Am Informationsfluss sind mehr Personen beteiligt, insbesondere solche, die keine unternehmerischen Entscheidungen zu fällen haben und somit den Wert einer Information für den Unternehmer nicht einordnen können. D.h. die Wahrscheinlichkeiten, dass Informationen verzögert weitergegeben oder verloren gehen, sind sehr hoch. Die Folge davon ist, dass in den Regionen der Verkaufsstellen möglicherweise vorherrschende spezifische Bedingungen nicht angemessen berücksichtigt oder u.U. gar nicht wahrgenommen werden.

So bleiben als Entscheidungsgrundlagen die Kennzahlen, gewonnen aus der Buchführung, sowie Schätzungen des Warenbedarfs der nächsten Verkaufstage. Geschätzt (prognostiziert) wird zudem

aufgrund der Erfahrungen und dem „gesundem Menschenverstand" altgedienter Fachleute. Warenwirtschaftssysteme – es wird vorausgesetzt, dass größere Backwarenhersteller eine Branchen-Software einsetzen – beinhalten Vorhersagemodule, mit denen der künftige Rohstoffverbrauch errechnet und in oft recht begrenztem Umfang eine Umsatzentwicklung prognostiziert werden kann.

Ziel der Forschung ist die Entwicklung eines Verfahrens, mit dem Verluste infolge ungenauer Bedarfsberechnungen minimiert werden. Die o.g. Erfahrungswerte finden ebenso Berücksichtigung wie sogenannte „Indikatoren" aus dem soziologischen Umfeld der Verbraucher (im jeweiligen Einzugsbereich der Verkaufsfilialen) und mathematische Verfahren der schließenden Statistik (also die im Kapitel 1 beschriebene „Zeitreihenanalyse").

Als Forschungsobjekte wurden mehrere Sorten Gebäcks ausgewählt, die zu den leichtverderblichen Lebensmitteln zählen.

VON UMSATZDATEN ZU INDIKATOREN

Der Schwerpunkt der Forschungsarbeit liegt bei der Identifikation und Gewichtung ***exogener Faktoren*** (Indikatoren). Der Prognose-Horizont einer Prognose von Verkaufszahlen leichtverderblicher Lebensmittel beträgt im Allgemeinen höchstens einen Tag.

Die Kombination aus ***autoprojektiven Prognoseverfahren*** sowie die gleichzeitige Einbeziehung von ***Indikatoren*** erscheinen als sinnvolles Verfahren.

Die Untersuchung der historischen Umsatzdaten mittels Verfahren der Zeitreihenanalyse dient dabei vorerst der Trend-Eliminierung. Periodizitäten, deren Ursachen bekannt sind oder eindeutig identifiziert wurden, können ebenfalls eliminiert werden. Unter Periodizitäten sind die Konjunkturkomponente und die Saisonkomponente, zusammen auch als zyklische Komponente bezeichnet, zu verstehen. Von großem Interesse ist die ***Restkomponente***, in der alle Auswirkungen jener Indikatoren zu erwarten sind, die die Verkaufszahlen nicht regelmäßig beeinflusst haben. Das können sowohl Indikatoren sein, die zwar wiederkehrend, aber nicht äquidistant auftreten, als auch solche, die nur einmalig vorgekommen sind.

DIE EMPIRISCHEN MOMENTE

Es wird vorerst davon ausgegangen, dass die Zeitreihe im Grunde stationär ist. D.h., nachdem die unregelmäßigen Komponenten identifiziert wurden, sollte ein beachtlicher stationärer Teil übrig bleiben. Die Einflussgrößen dafür sind wiederkehrend, z.B. Zahltage oder Wochen- bzw. Monatsmitte, oder Wochenenden. Ferner wird davon ausgegangen, dass die unregelmäßigen Komponenten die empirischen Momente, wie arithmetisches Mittel („Durchschnitt") und Standardabweichung nicht gravierend beeinflussen (siehe Diagramm 01).

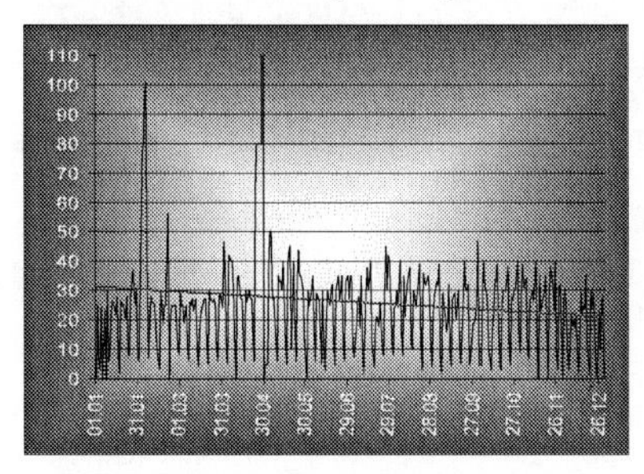

Diagramm 01: Plot Verkaufszahlen 2004

Der arithmetische Mittelwert der Verkaufszahlen im Jahr 2004 beträgt 26,17

Die empirische Varianz als Maß für den Grad der Schwankung berechnet sich aus:

$$s^2 = \frac{1}{N}\sum_{t=1}^{N}(x_t - \overline{x})^2 \Rightarrow \; s^2 = 2527{,}68$$

Die Standardabweichung errechnet sich daraus als s= 50,28

Zur Trendbestimmung – der Trend ist für die Prognose der langfristigen Entwicklung wichtig – wird die Trendfunktion, ein Polynom 1. Grades, folgender Form gebildet:

$$m(t) = \beta_1 t + \beta_2$$

Die Parameter werden mittels der Kleinst-Quadrate-Methode zu

$$\beta_1 = -0{,}0272 \text{ und } \beta_2 = 1063{,}4$$

bestimmt.

Nach Abzug von Trend- und zyklischer Komponente wird für den Rest der Zeitreihe systematisch nach Indikatoren geforscht. D.h. im Veranstaltungskalender (Umgebung um das Ladenlokal) wird nach Veranstaltungen gesucht, die Menschen anziehen, welche dann als zusätzliche Käufer die beobachteten Verkaufszahlen verursachen. Auf ähnliche Weise wird nach Werbemaßnahmen sowie allen anderen bekannten Indikatoren im Umfeld gesucht (Mitnahmeeffekt).

INDIKATORSUCHE

Sind Umsatzzahlen auf den ersten Blick außergewöhnlich, wie beispielsweise Null oder weit über dem Durchschnitt liegende Werte, wird an diesen Tagen nach Indikatoren gesucht. Das können die bereits erwähnten Veranstaltungen sein. Dabei wird unterstellt, dass Abendveranstaltungen keinen Einfluss auf die Kuchenumsätze haben. Weiter wird vermutet, dass auch solche mit vorwiegend jugendlichem Publikum sich nicht gravierend auswirken werden.

Die Stimmung und das persönliche Wohlbefinden vieler Menschen werden bisweilen auf die Wetterlage zurückgeführt. Darum werden auch Wetterdaten (Tagestemperatur, Niederschläge) mit den Umsatzzahlen verglichen.

Weitere Informationen über kaufauslösende oder kaufverhindernde Indikatoren werden durch Befragung der Käufer und des Verkaufspersonals gewonnen. Zu diesem Zweck wurde u.a. eine Internetseite erstellt (http://www.probakus.de/_dan). Diese Umfrage wird während der gesamten Laufzeit des Projektes durchgeführt. Die Umfrageergebnisse werden in einer Datenbank gesammelt und gehen direkt in die laufende Auswertung ein. Für Verkaufspersonal in Bäckereifachgeschäften und Bäcker sind ähnliche Umfragen geplant. Auch die klassische Art der Datenerhebung durch Kurzinterviews vor Verkaufsfilialen wird durchgeführt.

Wir erwarten, durch die Befragung des Verkaufspersonals weitere Indikatoren identifizieren zu können. Es stellte sich dadurch bereits heraus, dass an Wochenenden eine andere Käufergruppe zum Bäcker kommt (Singles, Familienväter mit ihren Kindern). Deren Kaufverhalten ist von dem der Kunden an Werktagen verschieden.

Das Umfeld der Verkaufsfilialen spielte bereits eine Rolle bei der Betrachtung der in ihm stattfindenden Veranstaltungen. Die Zusammensetzung der darin lebenden Bevölkerung ist von entscheidender Bedeutung. In einem Gebiet, in dem vornehmlich Menschen eines Kulturkreises leben, die keine oder meist anders zubereitete Süßspeisen genießen, werden die Verkaufszahlen von Apfelblätterteig und Bienenstich eher gering ausfallen. Wichtig ist auch, ob es in der Nähe der Verkaufsstelle Schulen, Krankenhäuser und Altersheime, ebenso Bahnhöfe, U-Bahnstationen, Bushaltestellen oder Gewerbeparks und Einkaufszentren gibt, oder ob sich die Filiale gar in einer solchen Einrichtung befindet. Hier sind Umsatzindikatoren beispielsweise Besuchs- und Pausenzeiten. Die Zu- und Abwanderung von Unternehmen wirkt sich durch die damit verbundenen schwankenden Mitarbeiterzahlen aus. Werbeaktionen des Supermarktes, in dessen Räumlichkeiten sich die Verkaufsfiliale befindet, wirken sich auf den Kuchenumsatz aus (Mitnahmeeffekt), ebenso wie eigene Werbemaßnahmen für das untersuchte oder andere Produkte.

ZEITREIHEN UND EREIGNISSEQUENZEN

Die ermittelten Indikatoren stellen ihrerseits Zeitreihen dar, mindestens jedoch Ereignissequenzen. Der Unterschied besteht darin, dass eine Zeitreihe an einem Beobachtungszeitpunkt quantifizierbare (größenmäßig bestimmbare) Werte annimmt, eine Ereignissequenz jedoch nur namentliche Größen (Ereignisse). Die Ereignisse können dabei zufällig, wiederkehrend sein oder als Folge anderer zufälliger oder wiederkehrender (Ur-)Ereignisse auftreten. Steht letzteres zu vermuten, muss nach den Urereignissen geforscht werden.

Ein Vergleich dieser neu gewonnenen Zeitreihen und Ereignissequenzen mit den Umsatzzahlen sollte uns Aufschluss über die vermuteten Abhängigkeiten und deren Grad geben. Damit wird eine verbindliche Aussage über die von Schätzungen verschiedene Prognostizierbarkeit der Umsätze von leichtverderblichen Lebensmitteln möglich. Bei Eintreffen aller bisherigen Erwartungen wird auch die Prognose selbst möglich.

Als Objekte für vergleichende Forschungen werden uns in naher Zukunft auch Umsatzdaten von Geldautomaten und Güterumschlagszahlen aus dem Bereich des Frachtgewerbes zur Verfügung stehen. Beim Geldautomaten gilt es zu bestimmten Zeitpunkten die möglichst exakte Menge Geldes (optimale Bestellmenge) vorzuhalten. Im Transportwesen hat man es mit der optimalen Transport- oder Lagerkapazität zu tun.

VORSCHAU

Wir sind zuversichtlich, in nächster Zeit zu ersten Prognose-Ergebnissen zu gelangen. Die Indikatorsuche wird indes nicht aufhören können, sondern im Sinne einer seriösen Prognose dem ständigen Wandel im Bedarf an Gütern und Dienstleistungen Rechnung tragen müssen.

ZUSAMMENFASSUNG

Im Rahmen einer Kooperation mit einem Großbäcker wurden die Verkaufszahlen von Quarkblätterteig und anderen leicht verderblichen Backwaren untersucht. Es wird vermutet, dass aus der Beobachtung der Umsatzgrößen Regelmäßigkeiten erkennbar werden. Ebenso wird unterstellt, dass ein bestimmter Grundumsatz identifiziert werden kann. Das Hauptinteresse gilt Umsätzen, für deren Erklärung nach Ursachen im Kaufverhalten der Verbraucher gesucht werden muss. Diese treten nicht regelmäßig, sondern im mathematischen Sinne zufällig auf. Mit der Kenntnis der Ursachen (Indikatoren) der regelmäßigen und unregelmäßigen Umsatzzahlen sollte eine Vorhersage künftiger Umsätze möglich werden.

Zur Indikatoridentifikation wurden aus den Verkaufszahlen Zeitreihen gebildet. Ferner wurde nach Bedingungen und Tatbeständen gesucht, die geeignet sind, den Absatz des beobachteten Gebäcks zu beeinflussen. Daraus wurden weitere, mit dem Beobachtungsintervall zeitlich übereinstimmende Zeitreihen und Ereignissequenzen erstellt und mit der Umsatzzeitreihe verglichen. War eine Erklärung der Verkaufszahlen damit möglich, wurden sie als Indikator eingestuft und weiter beobachtet. War kein Einfluss auf die Abverkaufszahlen erkennbar, wurden sie vorerst als unbrauchbar eingestuft, jedoch nicht endgültig verworfen. Die korrespondierenden Serien und Sequenzen stellen den Verlauf von Indikatoren dar, die den Gebäckumsatz direkt oder indirekt beeinflussen.

Die Identifikation von Indikatoren geschieht aufgrund persönlicher Erfahrung oder mittels Fachliteratur über Marketing und Verkauf. Darin kann eine Vielzahl von Umsatzfaktoren nachgelesen werden. Ferner können mittels Verbraucherumfragen weitere Indikatoren gefunden werden. Offensichtliche Einflüsse, wie Werbung und verkaufsunterstützende Maßnahmen für die Produkte, sind leicht in den Verkaufszahlen zu erkennen. Es gibt jedoch Einflüsse, die erst bei intensiver Untersuchung als solche in Erscheinung treten.

Je größer die Zahl der erkannten, beeinflussenden Indikatoren ist, umso eher erscheint die Vorhersagbarkeit der Verkaufszahlen möglich. In der Messtechnik können unter gewissen Umständen einmalige Ereignisse als sog. Messfehler aus der Betrachtung ausgeschlossen werden. Würden „Ausreißer“ in den Umsatzzahlen ignoriert werden, würde das Ergebnis der Prognose verfälscht. Denn auch die Ursachen dieser einmaligen Ereignisse, aus denen sich der Rest der Zeitreihe zusammensetzt, sind als Indikatoren von Bedeutung für eine Prognose. Die Folge ist eine starke Detaillierung.

Die zwangsläufig starke Detaillierung als Folge der Einbeziehung lokal spezifischer Faktoren schränkt die Allgemeingültigkeit einer Prognose im beobachteten Bereich

bis hin zur Einzigartigkeit ein. Wird jedoch die Zahl der Einflussfaktoren gesteigert, so gewinnt das Prognose-Verfahren an allgemeiner Verwendbarkeit, weil ein

Indikator, der an einem bestimmten Ort keinen Wert hat, hier nicht ins Gewicht fällt, wohl aber anderenorts.

Ein Expertensystem zur Identifikation von Indikatoren sollte es ermöglichen, eine ständig aktuelle Datenbank immer präziserer Indikatoren zu erstellen und zu pflegen.

2.3. „Warum sich Mathematiker für Mozzarella interessieren"

So titelt die „ Mittelbayerische Zeitung", die Regionalzeitung in Regensburg, und bringt das Beispiel der Kooperation der Hochschule mit dem armenischen Feinkost-Laden „Sarik" . Die armenische Mathematikerin Flora Babayan hat dort eine Anstellung gefunden und organisiert mit Präzession eine Feinkost Theke – und zeigt Studierenden „Optimierungsverfahren in der Praxis". Sie verbindet dabei ihre Kochkünste (und diesbezügliche Erfahrungen aus langer Praxiszeit) mit ihren mathematischen Fähigkeiten und macht eine Art „dynamische Prognose", z.B. bei Mozzarella-Tomaten u.a.

3. PRAKTISCHE ANWENDUNG MIT HILFE VON MATLAB

3.1. GRUNDLEGENDE IDEE / MATLAB-FUNKTION

Die Grundlage hierfür liefert das Vier-Komponenten-Modell (s.o.). Man versucht die Zeitreihe durch die Summe mehrerer Schwingungen mit verschiedenen Frequenzen sowie einer konstanten Trendkomponente so gut zu approximieren, dass nur noch eine möglichst kleine Restkomponente übrig bleibt.

Hierzu wurde eine Matlab-Funktion geschrieben, die diese Approximation durchführt. Eingabeparameter dafür sind: Die eindimensionale Zeitreihe, die Anzahl der zu berücksichtigenden Schwingungen sowie der Ausgabebereich der Ergebnisfunktion. Rückgabewerte sind die Werte der Ergebnisfunktion im angegebenen Ausgabebereich und an den Stützstellen der Zeitreihe.

Das prinzipielle Vorgehen dieser Funktion ist dabei folgendermaßen:

Nach Abzug des Mittelwertes p führt Matlab automatisch eine diskrete Fast-Fourier-Transformation durch und liefert dabei den komplexwertigen Koeffizientenvektor c. Aus den Absolutbeträgen von dessen Koeffizienten werden nun die M größten heraus gesucht (M ist der zweite Eingabe-Parameter) und die zugehörigen Frequenzen im Vektor f gespeichert.

Daraufhin werden die Koeffizienten a und b der Formel

$$f(x) = p + \sum_{k=1}^{M} a_k \sin\left(2\pi f_k x\right) + b_k \cos\left(2\pi f_k x\right)$$

mit Hilfe der aus der Zeitreihe bekannten Messpunkte mittels linearer Ausgleichsrechnung ermittelt. Anschließend kann ein feinerer Verlauf der gefundenen Funktion berechnet werden. Dieser wird als Ausgabeparameter zurückgegeben.

3.2. METHODE ZUR VORHERSAGE VON VERKAUFSZAHLEN:

Die Idee ist nun, für jedes Gebäckstück die Zahlen von 2004 mit der oben beschriebenen Funktion zu untersuchen und die daraus erhaltene Funktion horizontal um -2 Tage zu verschieben und das Ergebnis als Vorhersage für das Jahr 2005 zu verwenden. Die Verschiebung bewirkt, dass die Sonntage von 2004 auf die Sonntage 2005 fallen. Im Folgenden soll nun anhand der von 2005 bekannten Daten untersucht werden, wie gut diese Vorhersage zutrifft. An den Stellen, an denen sie nicht passt, stellt sich die Frage, was die Ursache dafür sein könnte und wie man diese eventuell kompensieren könnte.

Hinweis: In den folgenden Bildern sind die realen Verkaufszahlen von 2004 in Schwarz dargestellt, die realen Verkaufszahlen von 2005 in Blau und die Vorhersage für 2005, die aus der Analyse der Daten der Vorjahres gewonnen wurde, in Rot.

Beispiel 1 – Quarktasche

An diesem Beispiel ist eine relativ gute Approximation erkennbar (Bild unten) zwischen den realen Verkaufszahlen in Blau und der Vorhersage in Rot.

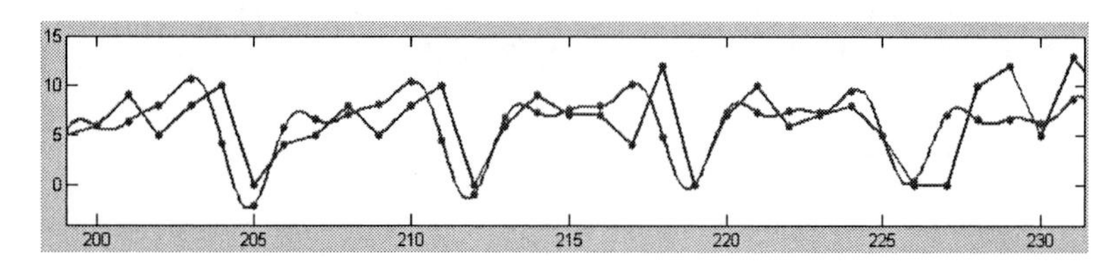

Beispiel 2 – Apfelblätterteig

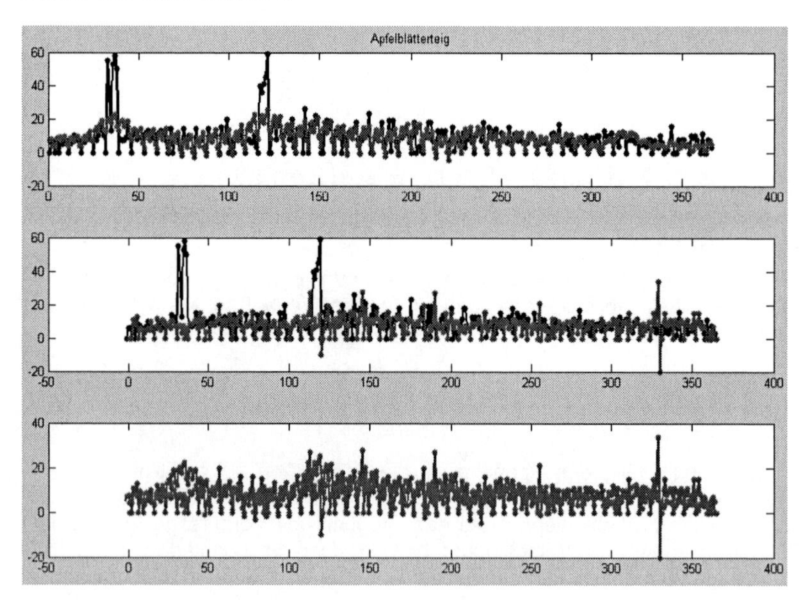

Hier ist deutlich zu erkennen, dass die Vorhersage mit den realen Verkaufszahlen von 2005 nicht übereinstimmt, da die der Vorhersage zugrundeliegenden Daten an zwei Stellen deutliche Ausreißer erkennen lassen. Diese beeinflussen natürlich den Verlauf der Vorhersagefunktion. Es ist zu vermuten, dass es sich um zwei Aktionen mit Sonderangeboten handelt. Wichtig ist an dieser Stelle jedoch nur, dass es sich wohl um einmalige Erscheinungen handelt, und diese im gleichen Zeitraum des nächsten Jahres nicht wieder auftreten werden. Eine sinnvolle Möglichkeit, trotzdem eine vernünftige Vorhersage zu erhalten, ist, diese Extremwerte (z.B. Werte >15) zu streichen und durch den Mittelwert der Zeitreihe zu ersetzen. Daraufhin erhält man eine wesentlich bessere Vorhersage für das Jahr 2005:

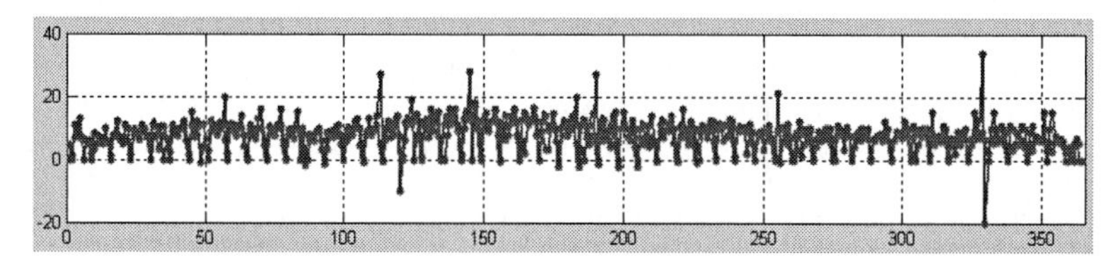

Beispiel 3 – Krapfen

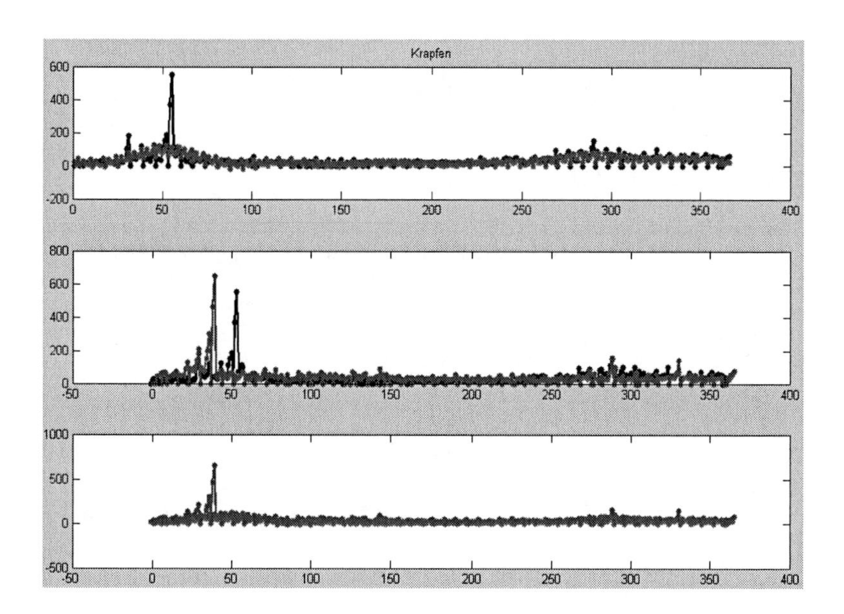

Dass es sich hier um Krapfen handelt, ist schon allein anhand der Daten zu erkennen: Jedes Jahr steigt der Verkauf in einer bestimmten Woche im Februar auf ein Vielfaches des sonstigen Tagesdurchschnitts an. Und dass in dieser Woche der Rosenmontag und der Faschingsdienstag liegen, ist auch nicht schwer zu erraten. Allerdings hat unsere Vorhersage auch an dieser Stelle zwei deutlich erkennbare Nachteile. Zum einen wird das Niveau der Verkaufszahlen durch die Faschingswoche 2004 angehoben und zum anderen werden die tatsächlichen Verkaufszahlen in der Faschingswoche 2005 in keinster Weise vorhergesagt.

Auch hier liegt die Idee nahe, die Extremwerte der Zeitreihe wie im vorherigen Beispiel durch den Mittelwert zu ersetzen um der Verzerrung entgegenzuwirken. Dabei ist aber zu beachten, dass Fasching ein alljährlich wiederkehrendes Ereignis ist, und somit diese hohen Verkaufswerte jedes Jahr in einer im Voraus bekannten Woche auftreten. Darum werden die gefundenen Extremwerte zwischengespeichert und nach der Approximation an der Stelle wieder eingefügt, an der im entsprechenden Jahr Fasching sein wird. An den beiden folgenden Bildern ist sehr gut zu erkennen, dass dies zu einer wesentlich besseren Vorhersage führt, sowohl an Fasching als auch im restlichen Zeitraum des Jahres.

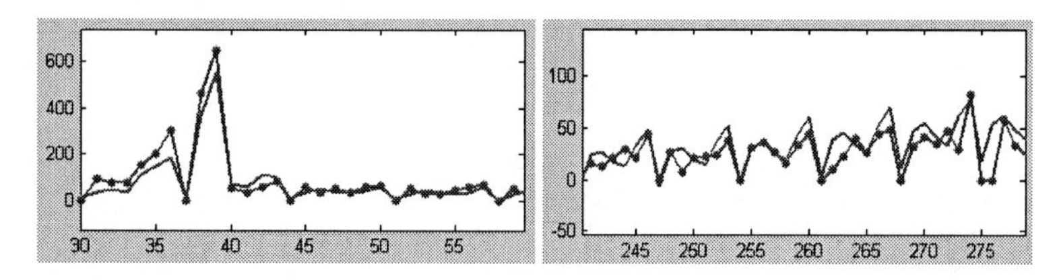

Beispiel 4 – Der Gesamtverkauf

Hier haben wir nun noch den Gesamtverkauf. Dabei wurden die Verkaufswerte aller Gebäckstücke – abgesehen von den Krapfen – zusammengezählt. Diese wurden deshalb nicht mit einbezogen, da die hohen Werte an Fasching einen zu großen negativen Einfluss auf die Analyse hätten. Wollte man sie trotzdem mit verwenden, so müsste man – wie im vorherigen Beispiel – die dadurch entstehenden Ausreißer wieder gesondert behandeln.

Bei diesem Beispiel ist nun eine besonders gute Vorhersage zu erkennen:

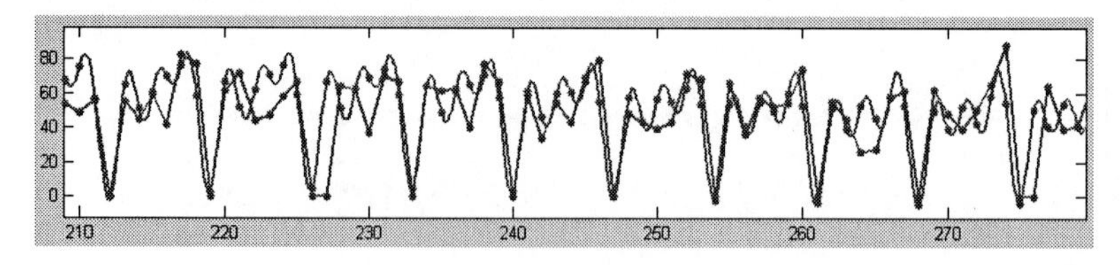

Bewertung der Analyse:

Bei den einzelnen Gebäckstücken ist die Vorhersage zum Teil noch schlecht. Einige Fälle konnten durch einen gezielten und begründeten Eingriff in die Zeitreihe verbessert werden. Es gibt aber auch Beispiele, in denen keine Regelmäßigkeit gefunden werden kann. Dies tritt meist bei den Sorten auf, von denen wenige Stück am Tag verkauft werden. Der Gesamtverkauf dagegen lässt sich relativ zuverlässig vorhersagen, was zum einen daran liegt, dass das Kaufverhalten einer gewissen Regelmäßigkeit unterliegt, allerdings wohl nicht vorhersehbar ist, wie viele Käufer sich an einem bestimmten Tag für welches Stück Gebäck entscheiden werden. Zum anderen aber auch daran, dass es sich bei den untersuchten Zahlen um die einer Filiale handelt, die in einem großen Einkaufszentrum liegt, in dem die Gesamtzahl der Besucher an den einzelnen Wochentagen in etwa konstant ist.

Im Folgenden das Beispiel „Krapfenverkauf in einer Bäcker-Filiale, sechs Wochen = 42 Tage"

3.3. KRAPFENVERKAUF IN EINER BÄCKERFILIALE–Analyse mit verschiedenen Methoden.

Zunächst betrachten wir nur die einfachen Eigenschaften einer Zeitreihe, danach für das gleiche Beispiel weitere Eigenschaften und Methoden der Zeitreihen-Analyse.

Krapfenverkaufszahlen (in einer typischen Bäcker-Filiale):

Montag	Dienstag	Mittwoch	Donnerstag	Freitag	Samstag	Sonntag
20	15	15	11	20	19	5
16	15	20	20	30	14	9
16	10	13	19	11	13	10
16	13	22	19	20	14	4
2	8	8	8	26	11	12
8	10	20	21	16	15	10

Als Linien-Grafik:

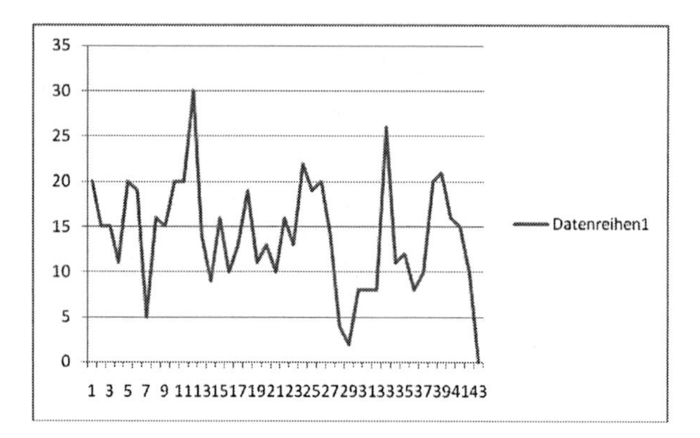

Aus diesem zeitlich geordneten Haufen von Verkaufszahlen über 6 Wochen hinweg können wir schon erste Maßzahlen erheben. Der Erwartungswert der zukünftigen Krapfen-Verkäufe ist ein erster Anhaltspunkt über die Anzahl, die in Zukunft durchschnittlich täglich gekauft werden. Da es sich hier im Beispiel und auch in der Praxis um absolute Häufigkeiten und eine sogenannte Stichprobe im Umfang von 6 Wochen handelt, möchte ich diesen jedoch als arithmetisches Mittel bezeichnen. Dieses beträgt für diesen Beobachtungszeitraum ca. 14,38. Im Durchschnitt wurden in diesen 42 Tagen täglich 14,38 Krapfen verkauft. Dieses Mittel würde sich nach dem Gesetz der Großen Zahlen bei wachsender Stichprobengröße immer mehr an den Erwartungswert annähern.

In Verbindung mit dem arithmetischen Mittel der Verkaufszahlen sind auch die Varianz und die Standardabweichung interessant. Die Varianz ist die mittlere quadratische Abweichung vom Mittelwert, und beträgt im Beispiel gerundet 34,39. Diese ist nun wenig aussagekräftig. Die Wurzel der Varianz, die Standardabweichung, die hier 5,86 beträgt, jedoch lässt uns etwas über die Stichprobe und somit die Verkaufszahlen der Zukunft sagen. In dem Bereich der Standardabweichung um das arithmetische Mittel liegen 31 Werte der Zeitreihe. Also, an 31 Tagen wurden zwischen 9 und 20 Krapfen verkauft (genauer: 8,52 bis 20,25).

Man kann diese auf die 6 Wochen bezogenen Maßzahlen auch wöchentlich betrachten. So hebt sich die erste Woche mit einem Erwartungswert von 15 und einer Standardabweichung von 5,5 nicht erheblich vom allgemeinen Durchschnitt ab, die vorletzte Woche jedoch aus mir unbekannten Gründen erheblich. Hier beträgt der Erwartungswert 10,71. In diesen Tagen wurden also unterdurchschnittlich viele Krapfen verlangt.

Auch Ausreißer fallen in der Stichprobe auf. Dies sind Werte, die auffällig außerhalb der Punktewolke liegen, in der sich die meisten Zeitreihenwerte zusammenfinden. Im Beispiel sind dies: 2, 4, 5, 26, 30. Verkaufszahlen unter 8 und über 20 Krapfen am Tag waren also in diesen 6 beobachteten Wochen ungewöhnlich. Dies geschah an 5 von 42 Tagen.

Um die Zeitreihe übersichtlicher zu gestalten und weitere Aussagen daraus zu entnehmen, möchte ich nun die Daten nach ihrer absoluten Häufigkeit sortieren.

Verkäufe	1	2	3	4	5	6	7	8	9	10	11	12	13	14	15
Anzahl		1		1	1			4	1	4	3	1	3	2	4
Verkäufe	16	17	18	19	20	21	22	23	24	25	26	27	28	29	30
Anzahl	4			3	6	1	1				1				1

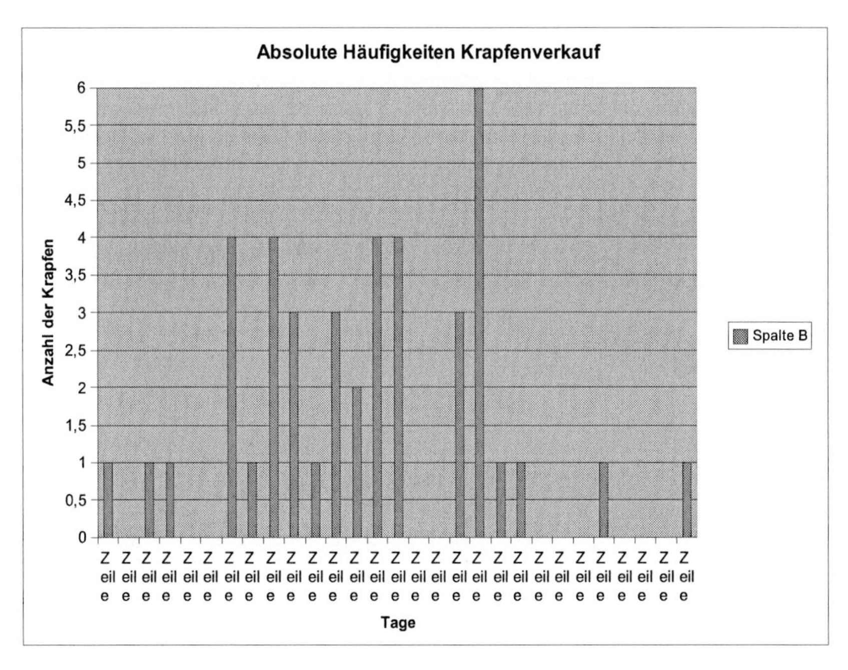

Hier sind die Ausreißer nochmal ersichtlich mit ihrem einmaligen Vorkommen. Mit Hilfe der absoluten Häufigkeiten lassen sich weitere Maßzahlen bestimmen. Der Modus, der häufigste Wert, liegt hier bei 20. Dies bedeutet, dass an 6 verschiedenen und zufällig verteilten Tagen jeweils 20 Krapfen verkauft wurden.

Jeweils 50 Prozent der Ausprägungen sind kleiner und die anderen 50 größer als der Median. Dieser beträgt hier im Beispiel 15. Das bedeutet, dass an der einen Hälfte der Tage maximal 15 Krapfen verkauft wurden, an der anderen Hälfte 15 oder mehr. Der Median, auch bekannt als 0,5-Quantil, liegt hier (jedoch nicht zwingend immer) in unmittelbarer Nähe des arithmetischen Mittels.
Es gibt noch weitere Quantile. Darunter auch die Quartile, die 0,25- und 0,75-Quantile. Deren Bedeutung im Fall Krapfenverkauf besagt, dass an 25 % der Tage 10 oder weniger und an 25 % der Tage 19 oder mehr Krapfen verkauft wurden. Das heißt, dass die mittleren 50 % der Verkaufszahlen zwischen diesen Werten liegen. Dies deckt sich im Beispiel zufälligerweise in etwa mit dem Erwartungswert plus/minus der Standardabweichung.

Mit Hilfe der Auswertung der Daten aus der Zeitreihe lassen sich nun schon einfache Vorhersagen und Richtwerte für die Zukunft ermitteln. Dies sind Anhaltspunkte – hier für die Filiale der betrachteten Bäckerei – über die benötigten Mengen, die täglich produziert werden müssen, um in den meisten Fällen nicht allzu viel oder zu wenig bereitzustellen.

Des Weiteren gibt es noch einige mathematischere Methoden, um Verkaufsprognosen zu machen. In diesen werden Trend, Konjunktur oder Saisonen untersucht. Durch diese Methoden lassen sich beispielsweise zukünftige Veränderungen im Kaufverhalten der Kunden erahnen und bei der Produktion berücksichtigen.

3.4. VERSCHIEDENE METHODEN FÜR DAS „KRAPFEN-BEISPIEL“

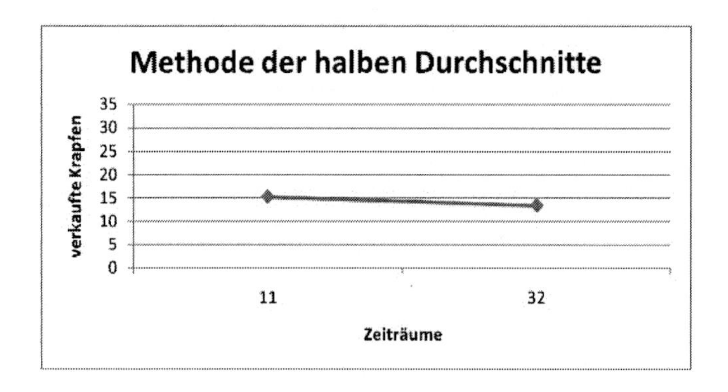

Diese sehr „grobe“ Methode bringt nur wenig Erkenntnis.

Methode des gleitenden Durchschnittes, hier 7 Tages-Durchschnitt:

Tag	verkaufte Krapfen	gleitender 7-Tage-Schnitt	Tag	verkaufte Krapfen	gleitender 7-Tage-Schnitt
1	20	15	22	16	15
2	15	14	23	13	13
3	15	14	24	22	13
4	11	15	25	19	11
5	20	16	26	20	9
6	19	18	27	14	10
7	5	17	28	4	10
8	16	18	29	2	11
9	15	18	30	8	12
10	20	17	31	8	12
11	20	16	32	8	14
12	30	16	33	26	15
13	14	13	34	11	14
14	9	13	35	12	15
15	16	13	36	8	14
16	10	13	37	10	
17	13	14	38	20	
18	19	14	39	21	
19	11	14	40	16	
20	13	16	41	15	
21	10	17	42	10	

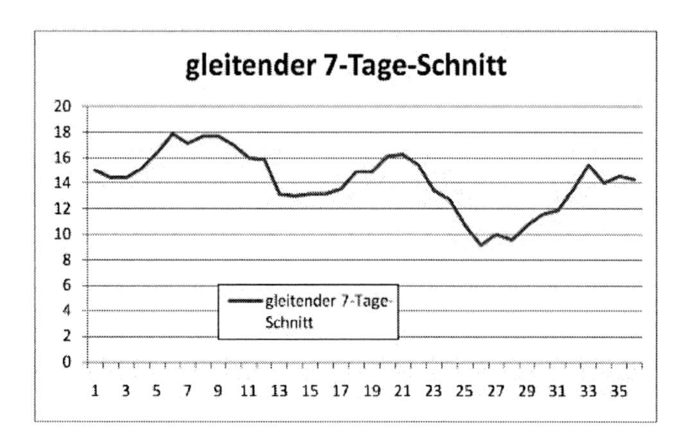

EINE BRAUCHBARE METHODE FÜR EINE ERSTE GROBE SCHÄTZUNG

Methode der kleinsten Quadrate mittels eines Polynomes 2. Grades:

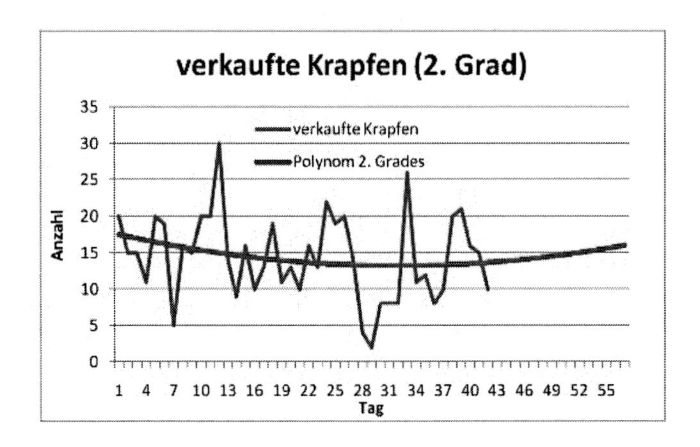

Sehr grob, eher weniger geeignet.

Um auch Schwankungen besser „in den Griff zu bekommen“, ist wohl die TRIGONOMETRISCHE APPROXIMATION am besten geeignet (Man bestimmt „geeignete“ Frequenz LAMBA und „geeignete“ Koeffizienten a und b von jeweils Sinus und Cosinus).

Mittels des Periodogrammes (Stichprobenspektrum) wird eine oder mehrere Frequenzen λ bestimmt, die in den Daten erhalten sein könnten, und damit (mittels „Methode der kleinsten Quadrate“) die Koeffizienten a und b von Sinus und Cosinus, sowie der Mittelwert berechnet.

Ergebnis der trigonometrischen Approximation

---

s(t) = Mittelwert + SUMME [a(i)*sin(2*pi*lambda(i)*t) + b(i)*cos(2*pi*lambda(i)*t)]

wobei

Mittelwert = 14.2791

i	i-tes lambda	i-ter Sinuskoeffizient	i-ter Kosinuskoeffizient
1	0.139535	-0.655409	-4.22239

Hier erhielten wir nur <u>ein</u> signifikantes λ und somit nur je einen Koeffizienten a und b.

Also lautet die trigonometrische Approximations-Funktion

$$14.2791 - 0.655409*\sin(2*\pi*0.139535*t) - 4.22239*\cos(2*\pi*0.139535*t)$$

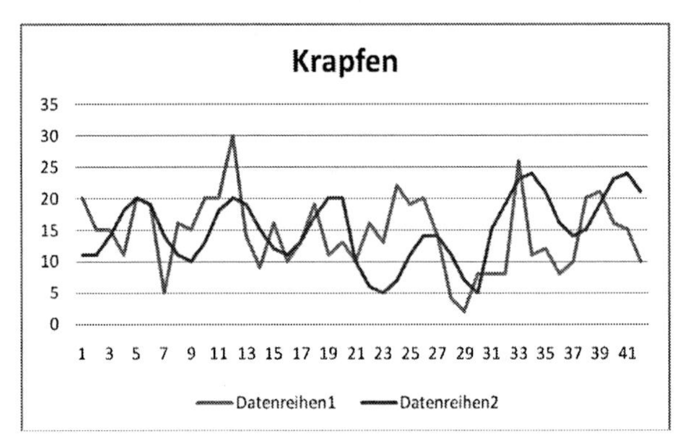

Datenreihe 1: Originaldaten, Datenreihe 2: Trigonometrische Approximation

Diese Trigonometrische Approximation zeigt erstaunlich gute Eigenschaften.

3.5. AUSBLICK / IDEEN FÜR DIE ZUKUNFT

Für eine weitere Verbesserung der Vorhersage stehen noch einige Ideen zur Verfügung. Zum einen wäre es wichtig, als Grundlage nicht nur ein Jahr, sondern mehrere zur Verfügung zu haben, und somit den Mittelwert der vergangenen Jahre als Zeitreihe verwenden.

Als nächstes könnte man prinzipiell alle Sonntage aus der Zeitreihe entfernen, da an diesen sowieso nichts verkauft wird, sofern diese Filiale an diesen Tagen geschlossen hat. Am Ende der Vorhersage kann dann für jeden Sonntag eine Null eingefügt werden.

Ähnlich könnte man auch mit den Feiertagen verfahren. Man müsste nur in jedem Jahr, das als Grundlage dient, an den Tagen, an denen die Filiale geschlossen hatte, den Mittelwert über das ganze Jahr oder den Mittelwert der anderen Jahre am entsprechenden Tag einfügen. In der Vorhersage für das kommende Jahr wird dann an den Stellen, an denen sich in diesem Jahr ein Feiertag befindet, eine Null eingesetzt.

Des Weiteren könnte man bei bekannten, wiederkehrenden Ereignissen (z.B. Fasching, Dult, Bürgerfest, o.ä.) die gleiche Methode anwenden wie im obigen Beispiel mit den Krapfen, bei dem die Ausreißer der vergangenen Jahre eliminiert und im Nachhinein an der richtigen Stelle wieder eingefügt wurden.

Eine ganz andere Idee bezieht sich auf die Überlegungen einer „Umfrage-Gruppe“. Dort wurde vermutet, dass auch das Wetter einen gewissen Einfluss auf das Kaufverhalten hat. So könnte man beispielsweise für die vorhandenen Jahre die Wetteraufzeichnungen der entsprechenden Örtlichkeit besorgen und einen Zusammenhang mit den Verkaufszahlen zum Beispiel mit Hilfe von ARMA/ARIMA suchen. Sollten sich tatsächlich Korrelationen finden, so könnte man diese mit in die Vorhersage einbeziehen, so dass sich mit Hilfe der Wettervorhersage der Verkauf der kommenden Tage noch präziser vorhersagen lässt.

QUELLEN:

1.) Schlittgen, Streitberg: „Zeitreihenanalyse“, Oldenbourg Verlag

2.) Grundlagen der Zeitreihenanalyse [Oldenbourg Verlag, Bernd Leiner]

3.) Johannes Berger: Seminarausarbeitung Sommersemester 2011, Hochschule Regensburg

4.) Sonja Loos: Seminarausarbeitung Sommersemester 2011, Hochschule Regensburg

5.) http://www.luchsinger-mathematics.ch/kap4.pdf

6.) http://de.wikipedia.org/wiki/Zeitreihenanalyse

7.) http://de.wikipedia.org/wiki/Methode_der_kleinsten_Quadrate

8.) Forschungsberichte der Hochschule Regensburg

ÜBUNGSAUFGABEN

1.) Worin liegt der Hauptunterschied von „Wahrsagerei" und „Prognose"?

2.) Nennen Sie je ein Beispiel für

- rein kausale (deterministische) Prognose
- kausal-statistische Prognose
- rein statistische (Zufalls-) Prognose

3.) Was versteht man unter einer Markt-Prognose?

4.) Was ist der Unterschied zwischen Analyse und Prognose?

5.) Warum sind die Wahlprognosen für die „großen" Parteien meist relativ richtig, für die kleineren Parteien oft falsch?
(Hinweis: Welche Wirkung hat ein kleiner absoluter Fehler relativ gesehen?)

6.) „Self-fulfilling prophecy/ prediction"

a.) Erklären Sie den Begriff/ Effekt der „self-fulfilling prophecy"!

b.) Erläutern Sie den Begriff an einem Beispiel!

c.) Wie kann man den Effekt gegebenenfalls vermeiden oder mildern?

d.) Kann der Effekt vielleicht auch (z.B. politisch) gewollt sein?

7.) „Self-defeating prophecy"

a.) Erklären Sie den Begriff/ Effekt der „self-defeating prophecy"!

b.) Erläutern Sie den Begriff an einem Beispiel!

c.) Wie kann man den Effekt gegebenenfalls vermeiden oder mildern?

d.) Kann der Effekt vielleicht auch (z.B. politisch) gewollt sein?

8.) Was versteht man unter „aliasing - Effekt“?
Wie kann man ihn vermeiden ?
Welche Wirkung zeigt er (Beispiel), wenn er nicht erkannt bzw. nicht vermieden wird ?

9.) Vergleichen Sie die Begriffe „lineare “ und „nichtlineare“ Regression im Sinne von Nicht-Mathematikern oder im Sinne von Mathematikern! Jeweils ein Beispiel!

10.) Formulieren Sie die Regression (kleinste Quadrate -Methode) von gegebenen Daten mittels einer Geraden at+b, einer trigonometrischen Funktion Asin(wt) und einer rationalen Funktion 1/(at+b) einmal „direkt“, und dann als Minimum-Norm-Problem für eine geeignete Funktion F(z)!

11.) Was sind die VORTEILE der Delphi-Methode gegenüber anderen qualitativen Verfahren?

12.) Zahl der Einwohner eines Vorortes von Regensburg in den letzten 6 Jahren:

t =	1	2	3	4	5	6
x_t =	1132	1199	1340	1498	1648	1806

a.) Suchen Sie eine „geeignete“ Ausgleichsfunktion und berechnen Sie den „besten Ausgleich“ im Sinne der „Kleinsten Quadrate Methode“!

b.) Prognostizieren Sie damit die Einwohnerzahlen der nächsten 2 Jahre.

c.) Was könnte ein „externer (exogener) Indikator “ sein, der die Einwohnerzahlen mehr beeinflusst als die (internen, endogenen) Daten aus der Vergangenheit?

13.) Zeigen Sie, dass für die Autokorrelationsfunktion r_T gilt : $-1 <= r_T <= 1$

14 .) Sei λ die Frequenz. Zeigen Sie die folgenden Eigenschaften des Periodogrammes:

a.) $I(0) = 0$

b.) $I(-\lambda) = I(\lambda)$, also „gerade Funktion“

c.) $I(\lambda) = I(\lambda + 1)$, also periodisch mit Periode $p = 1$

d.) $I(\lambda) >= 0$

15.) Stellen Sie die Normalengleichungen auf zum Problem $\Sigma [x_t - x^* - m(t)]^2 \rightarrow \min$, wobei: x^* der Mittelwert

$$m(t) = \beta_1 \cos (2\pi \lambda t) + \beta_2 \sin (2\pi \lambda t)$$

16.) Lösen Sie diese Normalengleichungen in 15.) allgemein *und* unter der Annahme, dass $\lambda = k/N$, $k \in Z$ („Fourier-Frequenzen“), N = Anzahl der Zeitreihenwerte

17.) Zeigen Sie, dass für die Kovarianz von zwei Zeitreihen x_t und y_t , also für

$$c = 1/N * \sum (x_t - x^*) (y_t - y^*) \quad (x^*, y^* \text{ Mittelwerte})$$

gilt

$$c = 1/N * \sum (x_t - x^*) y_t$$